天工开物

给孩子的中国古代科技百科全书

龙逸·编著

傅舫·绘

童趣出版有限公司编　人民邮电出版社出版

北京

图书在版编目（CIP）数据

天工开物：给孩子的中国古代科技百科全书 / 龙逸编著；傅舫绘；童趣出版有限公司编. -- 北京：人民邮电出版社，2020.8
ISBN 978-7-115-54064-5

Ⅰ. ①天… Ⅱ. ①龙… ②傅… ③童… Ⅲ. ①农业史—中国—古代②手工业史—中国—古代③《天工开物》—少儿读物 Ⅳ. ①N092-49

中国版本图书馆CIP数据核字(2020)第086056号

责任编辑：何　况
执行编辑：马璎宸
责任印制：李晓敏
美术编辑：董　雪

编　　：	童趣出版有限公司
出　　版：	人民邮电出版社
地　　址：	北京市丰台区成寿寺路11号邮电出版大厦（100164）
网　　址：	www.childrenfun.com.cn

读者热线：010-81054177
经销电话：010-81054120

印　　刷：	北京华联印刷有限公司
开　　本：	787×1092 1/12
印　　张：	9.67
字　　数：	260千字
版　　次：	2020年8月第1版 2024年4月第10次印刷
书　　号：	ISBN 978-7-115-54064-5
定　　价：	128.00元

版权所有，侵权必究。如发现质量问题，请直接联系读者服务部：010-81054177。

序 —— 掌握一门技术

《天工开物》是中国第一本农业和手工业的百科全书。内容丰富，包罗万象，但文字脱离现在的语境，不适合孩子阅读。爱国的前提是了解国情，这些古代科技著作，孩子们有兴趣了解，也有必要让他们了解。只有这样，他们才能理解中国古人的智慧，激发他们对国家和民族的认同感。

于是，这本少儿版的《天工开物》绘本应运而生。

本书作者既忠实于原著，又求教于专家，用通俗易懂的文字、清晰的技术步骤，准确还原这些技术。绘者抓住技术核心，细致描摹刻画，以求再现当时的场景。为适应时代，在每一类技术的最后，还介绍了这些领域的延伸知识及现代科技的进展。

《天工开物》中的技术，本质上都是为了满足人的物质生活和精神生活的需要。每个人生活在这个世界上，都离不开衣食住行。为了满足"衣"的需求，就要种棉花、种桑养蚕、纺织印染。开门七件事，柴、米、油、盐、酱、醋、茶。为了满足"食"的需求，就要掌握小麦和水稻的种植，米面的加工，食盐、糖、油、酒等食品原料的生产。为了满足"住"的需求，就要烧制砖瓦、煅烧石灰、加工木材等建筑材料。为了满足"行"的需求，就要建造轮船和车子。

I

此外，战争产生了对兵器和火炮的需求。文化教育和文明传承，需要笔墨纸砚、琴棋书画，以陶冶情操。人们对健康和美的追求，又产生了对医药、珠宝和化妆品的需求。造纸术、印刷术、指南针、火药——中国古代四大发明，其实都是技术。端砚、湖笔、宣纸、徽墨、苏绣、剪纸等非物质文化遗产，则是技术和艺术的结合。可以看出，《天工开物》中的技术，本质上都是为了满足人的物质生活和精神生活的需要。

我是20世纪70年代出生的人，在家乡的同龄人中，只要没考上大学，家长就会让他们学一门技术，要么是木匠、泥瓦匠、理发匠、裁缝等比较大众化的，要么是稍微冷门一些的铜匠、油漆匠、篾匠等。长辈们总是告诫我们说，三百六十行，行行出状元。一门技术就是养家糊口的本钱，是我们在社会上安身立命的基础。

时代变了，这些农耕时代的技术有些已经过时，我们也不再像以前那样拜师学艺，让师傅带徒弟。而是进入职业学校进行专业化训练，以适应流水线工厂化的大工业时代。但是，我们在生活中，仍然会遇到电灯不亮、水龙头漏水、电线短路、下水道堵塞、家具坏了等情况，这就需要我们掌握一些简单的维修技术。学一些技术，就是学基本的生存技能。

科学认识世界，技术改造世界。今天的中国，经济快速发展，科技日新月异。高速铁路、移动支付、共享经济、网络购物，方便了人们的生活，被称为新时代的四大发明。钢铁、水泥、石化、纺织、小商品，体现出中国制造业实力雄厚。高楼大厦、公路桥梁、港口码头，中国的基建实力让全世界赞叹。但是，支撑中国成为世界工厂和"基建狂魔"的，仍然是水电、钎焊、设计等各种技术。

学科学、爱科学、用科学。未来的中国会成为什么样，只要看看现在的孩子在追求什么就知道了。掌握一门技术，应该成为每一位有理想的青少年学生追求的目标。

爱你们的火星叔叔：郑永春

中国科学院国家天文台研究员、中国科普作家协会副理事长

在介绍这样一本书之前,我们想给读者介绍两个词语:一是巧夺天工,当我们形容一样东西做得非常精美的时候,就会赞叹一句"巧夺天工";二是开物成务,意思是通晓事物的道理,并获得成功。

聪明的读者可能猜出来了,将上面两个词语中的各两个字组合起来,就是《天工开物》这本书名字的由来。

《天工开物》在中国乃至世界科技史上具有独特地位。中国著名科技史专家潘吉星先生评论说:"在中国的历史上,把农业和手工业三十个部门的技术综合在一起加以研讨,并配备大量插图,只有《天工开物》一书而已。"英国著名科技史家李约瑟非

常推崇作者宋应星,称赞他可以和法国18世纪的启蒙思想家、《百科全书》的编纂者狄德罗相媲美。

早在近四百年前,就有了这样一部著作,真令人惊叹。19世纪时,法国汉学家儒莲将它译介到欧洲,从此驰名海外。若打算了解中国古代的科技文明,特别是技术文明,《天工开物》首当推荐。因此,我们把这样一本有特殊意义的古代著作,以通俗的语言、手绘的方式呈现给孩子们,让他们了解中国悠久并富有特色的古代科技文明。

本书的编排,参考了潘吉星先生的《天工开物译注》。该译注本权威、可靠,我们以之为基础,将《天工开物》中具有代表性的、容易为孩子所理解的内容,用晓畅、风趣的语言表达出来,用富有感情而灵动的手绘插画展示出来,并附有一些与原书内容相对应的相关知识或现代技术作为延伸。这样既能洞穿历史又能脚踏现实,让孩子在对比中认识中国古代劳动人民的聪明才智。

特别感谢中国科学院自然科学史研究所史晓雷副研究员、中国科普作家协会原副理事长陈芳烈先生对本书的知识性、通俗性提出的宝贵意见。他们在审稿过程中不遗余力地核实文献、提出修改意见,保证了本书在低龄化、绘本化过程中保持科学性和趣味性。同时,感谢北京市科学技术协会科普创作出版资金的资助,以及资金评审专家的支持。

我们希望有一天,中国的强大、中国梦的实现,伴随着我们对祖先记忆的唤醒,传承着我们伟大先民的智慧,让我们每一个人的脑海里,都有着中华民族生生不息的灵魂。

目录

1	7	13	19	25	31	37	43	49
第一章 乃粒（谷物）	第二章 粹精（米面）	第三章 作咸（食盐）	第四章 甘嗜（制糖）	第五章 膏液（油脂）	第六章 乃服（衣服）	第七章 彰施（染色）	第八章 五金（冶金）	第九章 冶铸（铸造）

| 55 | 61 | 67 | 73 | 79 | 85 | 93 | 99 | 103 |

第十章 锤锻（锻造）

第十一章 陶埏（陶瓷）

第十二章 燔石（非金属矿石烧炼）

第十三章 杀青（造纸）

第十四章 丹青（朱墨）

第十五章 舟车（车船）

第十六章 佳兵（兵器）

第十七章 曲糵（酒曲）

第十八章 珠玉（珠宝）

第一章 乃粒（谷物）

古时候，一些不务正业的富家子弟，把农民看成罪人；一些读书人，把"农夫"二字当成辱骂人的词语；一些当官之人，也看不起农民。可是人活着总要吃饭，那些只知道餐食的美味，却忘记了粮食是从哪里来的人比比皆是，即使到了几千年后的今天，这种现象依然存在。

吃饭自然是天底下第一重要的事。人能活下去，是因为不断地摄入粮食滋养自己，而粮食需要有人去种植。因此，我们的第一章，就从怎么种植粮食开始。

第一章 乃粒（谷物）

3 播种后，要勤锄杂草。这时候，使用到的工具是宽面大锄。麦苗生长出来后，草锄得越勤越好，杂草锄尽，田里的肥分就可以被麦苗充分吸收，从而使麦子结出饱满的麦粒了。

2 种子掉进泥土里后，还得给它们盖上"土被子"。在中国的南方和北方，给种子盖"土被子"的做法是不一样的：在北方，是用牲畜拖着小石轮在有种子的泥土上轧；在南方，则是人用脚踩实泥土。土紧实了可以保湿，有利于种子发芽。

1 种植粮食之前，需要先翻耕土地。麦子的种植相对比较简单，将田地里的草锄净，一边翻耕土地一边播种种子。用牲畜拉着耧车（播种的农具），耧车的前面是一个种斗，斗里装着种子，斗底有一些洞眼儿，牲畜在前面走，斗在后面晃，一走一晃，种子就通过耧腿掉到泥土里了。

4 水稻的种植要从翻耕上一年已经收获过的田地开始。稻子收割后，稻茬通常就留在稻田里了。因此，下一年播种前要先翻耕稻田，使稻茬腐烂，这样稻田就能得到很好的肥料。有些勤快的农民伯伯还要翻耕第二遍、第三遍……

5 翻耕过的田地，再用牲畜拉着像梳子一样的钉齿耙来耙一遍，使土质变得松软，这样施于其中的肥分就能均匀地分散开来。

6 接下来，要在稻田里插上秧苗。秧苗插上后，很快就会长出新叶来。这时，需要为新生的"苗宝宝"除杂草了。农民伯伯手里拿着木棍，用脚把泥糊在稻禾根上，并且把冒出来的小杂草踩进泥里，让它们无法生长。

7 有些杂草长得和"苗宝宝"很像，农民伯伯必须弯下腰，用眼睛仔细分辨，用手细细摸摸，才能确定哪些是杂草，哪些是"苗宝宝"。只有除净了杂草，禾苗才会长得更加茂盛。

第一章 乃粒（谷物）

8 五谷之中，水稻是最爱喝水的。如果天不降雨，就要想办法引水浇灌。住在江河边的人们，一般使用筒车来灌溉。先筑个堤坝来阻挡被引来的水流，使水流经过筒车的下部，冲击筒车的水轮使之旋转，并将水引入筒内。这一筒筒的水随着筒车转至上方时，便会被倒进引水槽中，然后经导流进入田里。

9 在没有流水的湖边或池塘边，人们也有办法。有的使用畜力拉动转盘，进而带动水车引水；有的几个人一齐踩踏水车，使之转动来引水。水车内用龙骨连接一块块串板，笼住一格格的水使它们向上逆行。

10 在浅水池或小水沟中，如果安放不下长水车，可以使用拔车。一个人双手握住水车的摇把迅速转动，一天的工夫就能浇灌不少田地。

11 还有利用杠杆原理从深井里取水的，不过效率很低。

今天的水稻种植

无论是古代还是现代,大米都是我们主要的粮食,一米一粟皆来之不易,我们应当珍惜粮食,养成勤俭节约的好习惯。虽然很多人每天都在吃米饭,但他们从来没有见过水稻,也不知道水稻是怎么种植的。下面,我们就来看看现代水稻是怎么种植的吧!

1. 水稻的生长是从种子萌发开始的。种子吸水膨胀后就会发芽,然后将芽种播撒到苗床上,盖上土,给足水,再给它们盖上一层薄薄的"地膜"外衣(覆盖农作物的塑料薄膜),使土壤保持一定的温度和水分,待其长苗。

2. 和古代一样,现代耕种也需要用农具先翻耕好农田,不过,现在人们使用的是现代机械化农具。当秧苗长到一定高度的时候,就可以将它们移栽到田地里了。

3. 秧苗插好后,要经常到田里走走,驱逐害虫、清除杂草、施肥浇水……这些都是必须做的。

4. 水稻开花后,散发出来的稻香会引来害虫,而开花是为了结果做准备,需要更多的营养。所以,这时最重要的是除虫和施肥。

5. 水稻成熟后就要收割了,收割一定要选在晴天,用联合收割机(可一次性完成收割、脱粒、分离、清选等作业)将水稻从秸秆上脱下,水稻脱壳之后就是我们常见的大米了。

自然界中生长的各种谷物为人类提供了食物，使我们生生不息。五谷中的精华和美好，都包藏在金黄色的谷壳里。稻谷以糠皮为壳，麦子以麸（fū）皮为外衣，粟、梁、黍（shǔ）、稷（jì）的种子和果实隐藏在毛羽之中。通过扬簸（bǒ）和碾磨等工序将粗糙的外壳去掉，加工成精白的米和面。

讲究饮食的人们，都希望把粮食加工得越精细越好。那些发明了许多工具，从粗糙的谷物中得到精白干净的食物的人，可真是了不起呢！

第二章 粹精（米面）

第一章 粹精（米面）

1. 稻子收割之后，就要将谷粒从稻秆上脱下来。一般有两种脱粒的方法：一种是手握稻秆在木桶里或石板上摔打；一种是把稻子铺在晒场上，用牛拉着石磙（gǔn）在稻子上碾压。

用牛拉石磙在晒场上碾压稻谷，要比手工摔打省力很多。

2. 碾压稻谷，可能会把种子压坏而不能发芽，所以南方种植水稻较多的人家，虽然大部分稻谷都是通过牛力脱粒的，但留作种子的稻谷，还是会选择在石板上摔打脱粒。

6 稻谷用砻磨过以后，要用风车吹去细碎的外壳，然后倒进筛子里仔细过筛，未破壳的稻谷便会浮到筛面上来，再将其倒入砻中进行加工。

5 木砻是锯下一根原木加工成磨盘形状，两扇都凿出纵向的斜齿，下扇安一根轴穿进上扇，将上扇中间挖空，以便稻谷能从孔中注入。

木砻

4 土砻是先做一个竹子编织的筐，中间用干净的黄土填充压实，上下两扇都镶上竹齿。稻谷从上扇下面的孔中注入。

土砻

3 接下来，就要给谷粒去除谷壳了，这道工序用到的工具是砻（lóng）。砻有两种，一种是土砻，一种是木砻。

第二章 粹精（米面）

7 稻谷筛过以后，将其放到石头做成的臼（jiù）里舂（chōng）捣。人口多的人家，一般是在地上挖坑埋石臼，再用一根长木做成类似跷跷板一样的东西，脚踩踏横木的一端，装有重石的另一端就会抬起；脚一松，抬起的另一端就会砸进臼里把米捣碎。人口少的人家，就用木杵手动舂捣，反复舂捣之后，米就变得精白且细碎了。

8 水碓（duì）是山区临河而居的人们创造的。用它来加工稻谷，要比人工省力许多。利用水力带动水碓和利用筒车浇水灌田的方法差不多。流水量小且地方狭窄，就放置两三个臼；流水量大且地方宽敞，并排放置十个臼也不成问题。

9 小麦和稻谷的脱粒方法一样，要先洗净、晒干。一般使用牲畜拉磨的方法磨小麦，小麦多的时候也会用水磨，这样速度会很快。用水磨磨面，要在磨的上方悬挂一个上宽下窄的袋子，里面装上小麦，使其能够慢慢地自动滑入磨眼。

10 豆类收获后，人们一般用打豆的方式使其脱粒。打豆的工具叫作连枷（jiā），用竹竿或木杆做柄，柄的前端钻个圆孔，再拴上一根长木棒。把豆株铺在场上晒干，手执枷柄甩打。豆打落后，用风车扇去荚叶，再筛过，就可得到饱满的豆粒了。

11 北方加工小米，会在家里安置一个石礅，中间高，周边低，边沿不开槽。碾的时候，把小米铺在石礅上，两人面对面，相互用手交接石碌来碾压。小米落到石礅的边沿时，就随手用小扫帚扫进去再碾。

小麦的华丽变身

包子、馒头、面条,以及蛋糕等食物都离不开面粉。现代的面粉是怎么做的呢?与古代相比,那就简单得太多了,因为工作都是机器完成的呀!

1 绝大部分面粉是用小麦做的。把麦粒脱下来之后,先给它们"洗个澡"!

2 洗干净之后,挑一个阳光明媚的天气,将小麦晒一晒。要均匀地摊开,让每一颗麦粒都晒得干干的才可以。

3 麦粒晒干后就可以打包送到磨坊去了。到了磨坊,麦粒会被倒进一个没有水的小池子里,池子上方有一根长长的"吸管",它是用来把麦粒吸到面粉机里去的。

4 麦粒被吸到面粉机中后,面粉机会自动将它们分离出果实和麦麸。麦麸会直接进入袋子里,可以当作鸡、鸭等动物的饲料。

5 干净且没有麦皮的麦粒还会在面粉机里"溜达"一圈,干吗呢?直接碾压成粉呀,出来的就是精细的面粉了!

第三章 作咸（食盐）

人们常说的"五味"，就是指酸、甜、苦、辣、咸。在这五种味道中，酸、甜、苦、辣长期缺少其中任何一种，对人的身体都没有多大影响。唯独味咸的盐，人如果多天不吃，就像得了重病一样，浑身虚弱无力。所以说，盐在人们的生活中是必不可少的。

在中国辽阔的大地上，不管是偏远的边疆还是荒芜的沙漠，人们都会想方设法地制盐，因为这是一件关乎民生的大事。

第三章 作咸（食盐）

1 海水很咸，正是因为它本身就含有盐分，所以聪明的人类就从海水中取盐。取盐的方法有好几种，最主要的一种是晒取。也有一种"种盐"的方法，选择一块潮水冲刷不到的高地，如果估测明天会出太阳，那今天就将麦秆灰、芦茅灰等遍地撒上、压紧并铺均匀。

2 第二天早上，地面的湿气很重，灰下已经结满了盐茅。等到雾散天晴，晒了一上午后就可以将灰和盐

3 扫起来的盐或直接晒出来的盐可不干净,要先给它们洗个澡。首先要挖一浅一深两个坑,在浅坑上面做一个木架子,在架子上铺放芦席,将需要"洗澡"的盐铺在芦席上面,四周堆得高些,像堤坝一样。接着用海水冲刷,盐水就可以经过芦席,经过浅坑,再进入深坑,等待下一步的煎炼了。

一起扫起来,拿去淋洗和煎炼了。

4 煎盐要用上一个叫作牢盆的工具。牢盆既有用铁做的,也有用竹子做的。在牢盆下面烧上柴火,洗过澡的盐水进入牢盆后不停地被大火煮着。水分不断蒸发。

牢盆里留下的凝结的白色固体,就是盐。

第二章 作咸（食盐）

5 远离海边的人们怎么才能得到盐呢？这就要靠池盐了。一般的湖水是可以直接饮用的，但如果湖水咸咸的，说明就是可以制盐的咸水湖。

6 先挖一个深池，将咸水湖的湖水引入，再在池旁挖一条条浅沟，把池内的湖水引入沟中。要是天气好、日光足，沟里的水一个晚上就能凝结成盐。

7 如果既远离大海又远离咸水湖，怎么办呢？还有一个地方藏着盐，那就是深深的地下，人们会挖一口深井专门用来取盐。

8 盐井的口径并不大，够一根竹竿能上上下下打水就行了，但必须要深，否则取不到含盐的地下水。

9 盐井打水使用的是竹竿，将竹子内的节打通，只保留最底下的一节。在竹节的下端装一个单向阀门，依靠水的压力，竹竿进入水中的时候阀门打开，提起来的时候阀门关闭，盐水就可以保留在竹竿中了。井边的人将长绳的一头固定在转盘上，牛拉动转盘将竹竿提上来，打开竹竿下端阀门，即可得到盐水。将盐水倒进锅里煎炼，就能凝结成雪白的盐了。

单向阀门剖面示意图

海水制盐而得味

盐在人们生活中太重要了，不仅人的身体需要盐，而且没有它，再好的食材也淡而无味。在中国的一些南方城市，连吃水果也要蘸（zhàn）一点儿盐。但是过多摄入盐分会给人造成伤害，我们一定要饮食均衡、健康搭配。那么，在需求量巨大的现代，盐又是怎么制作的呢？

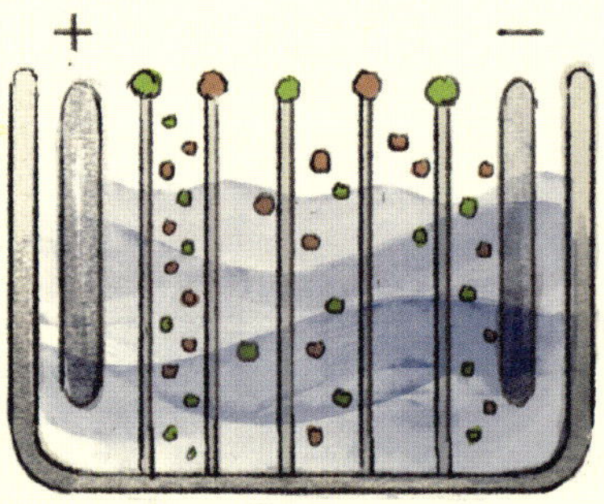

1 海盐是从海水里提炼出来的，但直接将海水拿来晒盐可不行，那会又腥又臭。所以，先要把海水引入一个专门的储存水库中，让它们先"冷静"一下，沉淀一下。

2 "冷静"后的海水来到机器里后，先来一通"电疗"按摩。通电后的海水划分为两派阵营，一边是浓度极高的"咸水"，一边是浓度极低的"淡水"。

3 将"咸水"注入真空蒸发器中高温蒸煮，只有经过高强度的蒸发、结晶才能析出氯化钠，也就是一粒一粒晶莹剔透的原盐。

4 这时的盐还需要经过消毒等环节的加工，为了人们健康的需要，有时候还会在盐中加入一些其他的元素，比如碘。

第四章 甘蔗口嚃(shi)
(制糖)

芬芳馥郁的气味、浓艳美丽的颜色、甜美可口的滋味，人们总是无法抵挡这些诱惑。不管是咿呀学语的小孩儿，还是稳重成熟的大人，甚至是历经人世沧桑的老人，心底总有一丝关于"甜"的美好的回忆。

世界上的甜味，很大一部分来自甘蔗。那么，人类是怎样把甘蔗中的甜变成生活中的甜的呢？

第四章 制糖 甘嗜

2 接下来就是熬制了,往甘蔗汁中加入一定比例的石灰,再架起三口铁锅,呈"品"字形排列,然后将甘蔗汁集中舀进一口锅中熬煮。在熬制的过程中,不断从前一口锅内舀出甘蔗汁放入后面的锅里,直到水分蒸发,第三口锅里就会熬出浓浓的糖浆。

1 甘蔗的压榨需要用到糖车。糖车有点儿像个巨大的磨盘,牛拖着弯曲的长轴一圈圈地走,轴带动下面的两根大木柱滚动,把甘蔗放进两柱之间,一压而过,甜甜的汁水就出来了。这么压一次还不行,一根甘蔗往往要压三四次,直到甘蔗汁压尽了才算完。

糖车下方有一个收集甘蔗汁用的水槽,可以把汁水导流进糖桶里。

3 按照上面的方法，熬出来的糖浆是黑色的。那么，糖是如何从黑色变成白色的呢？熬糖时要注意观察甘蔗汁沸腾时的水花，当熬到水花像小珍珠一样一个个往上冒时，就用手摸一下，如果粘手就说明已经熬好了。这时的糖浆还是黄黑色的，把它们盛装在桶里，让它们冷却、凝结成糖膏。

4 现在要请出瓦溜了。瓦溜上宽下尖，像一个大大的漏斗，底下留有一个小孔。先把瓦溜的小孔用草堵上，再把糖膏倒入瓦溜中。等糖膏凝固后，就拿掉塞在小孔中的草，从上面浇下起到脱色、除蜜作用的黄泥水。这时，黑色的糖浆就会被淋进缸里，留在瓦溜中的就是白糖了。

5 将最优质的白糖加热熬化，用蛋清澄清并去除表面上的浮渣。将新鲜的青竹做成三厘米长的小篾片，撒入糖液之中。经过一夜之后，糖液就自然凝结成稍带黄色的冰糖了。

8 人们会用长竿将位于深山崖壁上的野蜂蜂房刺破,让蜂蜜流下来再采集。家养蜂酿的蜜,只需赶走蜜蜂,取出蜂房,再将蜂蜜慢慢熬制。无论是野蜂酿的蜜还是家蜂酿的蜜,最后都要经过过滤,这样清澈透亮的蜂蜜就制好了。

最纯粹的甜蜜

用甘蔗制糖从遥远的古代流传到了现代，即使现代技术已经非常先进了，人们却依然忘不了那最原始、最纯粹的甜蜜。

1. 在提取甘蔗汁之前，需要先将棍子一样的甘蔗撕裂，使它们变得更细、更方便提取汁水。

2. 将变成细丝的甘蔗交给压榨机。压榨机里有很多滚轮，经过这些滚轮的挤压，甘蔗就会把它们甜甜的汁水全部都交出来。

3. 压榨出来的甘蔗汁够甜，但不一定够干净，所以需要澄清一下。首先要加热甘蔗汁，然后在沸腾的甘蔗汁里加入澄清剂，这时甘蔗汁里的杂质就会被分离出来。去除杂质，保留清甘蔗汁，就可以去下一站了！

4. 清甘蔗汁里水分太多，甜度不够，所以必须要经过蒸发去除水分。

5. 去了水分的甘蔗汁还要熬煮，煮出浓浓的糖膏。最后将它们放入低温环境中，经过冷却与干燥后，就变成了可以食用的硬糖。

第五章 膏液（油脂）

一天中，既有白天又有黑夜，人们应该遵循规律，日出而作，日落而息。然而，有的人却不得已要在深夜埋头苦干。在电灯发明以前，人们夜晚都是靠点油灯或蜡烛来照明的。草木的果实中藏着油膏脂液，但是它们不会自己流出来，而是需要人借助水、火、木、石来使其出油。

油，除了能在黑夜中为人们照明之外，还有很多其他的用处，如润滑车轮、修补船身、煎炒烹炸等。没有油，大概许多事情都进行不下去。

第五章 膏液（油脂）

1 许多植物都能用来榨油，花生、油菜、玉米、芝麻、橄榄……当然，它们的出油量和口感是有区别的。在古代，人们多用压榨法进行榨油。

2 做榨具前，要先找到一根巨大的樟木，得有多大呢？它必须有一个成年人双手合抱那么粗。将樟木的中间掏空，用来存放需要压榨的油料。然后在中空部分的底部开一个小槽，方便榨出的油流入盆中。最后还需要一根撞木，去撞击油料间的木楔，利用挤压作用把油"榨"出来。

3 将蓖（bì）麻子或油菜籽之类的油料放进锅里，用小火慢炒，炒出香气时取出来，然后碾碎。碾成细细的粉末后，放入蒸锅中蒸。当油料被蒸汽透足后取出，用稻秆或麦秆将其裹成厚厚的油饼。再用铁丝或者竹篾箍紧，以确保不会散开撒落。

榨具准备好了，就可以炒油料了。

油饼的尺寸一定要和榨具中间挖空的尺寸相匹配。

4 油饼全部包裹好之后，依次放入榨具中，挥动撞木把木楔打进去挤压，油就像泉水一样汩汩流出。

第五章 膏液（油脂）

5 把干净的乌桕（jiù）子放入蒸锅中蒸。蒸好后倒入白内春捣，乌桕子核外包裹的蜡质全部脱落后，筛净放入盘中再蒸，然后包裹入榨具榨取皮油。

用乌桕子制作蜡烛的方法，起源于江西省的上饶。

制·水·油

乌桕子外部蜡质脱落后，里面剩下的是黑籽。把黑籽放入不怕火烧的石磨中，石磨周围放上炭火加以烘热。磨破黑籽以后，再去除黑壳，剩下的便是白色的仁。将白仁碾碎上蒸之后，接着将其包裹入榨具榨取，得到的就是水油。

取乌桕子核内的仁榨出的水油很清亮，装入小灯盏中，用一根灯芯草就可点燃到天明。

6 接下来，该用皮油制作蜡烛了。

将苦竹筒竖着劈成两半，放在水里煮涨后，用小竹篾圈起来，固定。

把榨出的油灌入筒中，再放进烛芯。

过一会儿待蜡凝固后，取下竹篾圈，

打开苦竹筒，一支蜡烛就做成了。

7 另一种制作蜡烛的方法是把小木棒削成蜡烛模型，然后裁一张纸，卷在上面做成纸筒。将油灌入纸筒，等待蜡凝固，也能制成蜡烛。这种蜡烛无论风吹尘盖，还是经历四季交替，都不会变坏。

甩出来的橄榄油

现代人的食用油种类很多,仅植物油就有玉米油、花生油、芝麻油等等。这里我们说一说被誉为"植物油皇后",并且对健康十分有益的食用油——橄榄油的炼制过程。

1 炼制橄榄油当然少不了新鲜的橄榄,橄榄被采集来后须立即去除枝叶、清洗灰尘,不然就会失去新鲜度。

2 将处理干净的橄榄倒入锤式破碎机中,彻底碾碎。碎成果浆之后,就会被转移至融合池。融合池中有一根螺旋式的搅拌棍,能让果浆充分受热。

3 热果浆进入离心机后,在离心机的疯狂甩动下,一滴滴珍贵的油就出来了。这和洗衣机甩干衣物的原理是一样的。

4 橄榄油被炼制出来后,为了避开光和热,需要将其倒入一个不锈钢的贮罐中贮存,之后才能被分装到小瓶中,进入人们的厨房。

第六章 乃服（衣服）

人因为身份地位的不同，穿着打扮也会有所不同。古代尊贵的帝王穿着耀眼夺目的龙袍，穷苦的百姓穿着粗布麻衣。可无论是尊贵还是贫贱，华丽还是粗糙，棉、麻、毛、丝……衣服的原料都来源于大自然。

取之自然，用于生活。大自然为人类提供这些的时候，可不知道它们会代表着贵与贱。人们身上的一丝一线，都是辛勤劳动的成果，衣食来之不易，应加以珍惜。

第六章 乃服（衣服）

1 在蚕宝宝吐丝之前，先给它们做一张温暖的小床吧！用薄薄的竹片编成一个大大的竹盘，然后将竹盘固定在一个木架子上，下面放几个炭火盆，用温热的炭火烘烤着。再用竹签绑几座"小山"，住在"小山"上的蚕宝宝全身暖乎乎的，吐出的丝也是干燥、温暖且坚韧的。

2 整理蚕丝时，先要将锅内的水烧开，把蚕茧放进锅中。当水滚沸的时候，用竹签拨动水面，丝头自然就会出现。将丝头穿过针眼，再连接到绕丝轮上。同时在绕丝轮附近准备两个炭火盆，将从开水锅里抽出来的丝立刻烘烤干。

3 在光线好的屋檐下立四根竹竿，在竹竿旁的柱子上方，固定一根斜着的小竹竿，上面装一个半月形的挂钩。把丝挂在挂钩上，一头绕在四根竹竿上，另一头接在绕丝棒上。一拉一扯之间，丝就在绕丝棒上缠好了。

5 先在一根长长的竹竿上钻出许多个洞，将它横在高处。再用竹篾弯成环穿过竹竿洞，一根丝穿过一个竹篾环，再被绕到左边的"门"上。门框上设置了很多"关卡"，丝过五关斩六将，最终被卷在经轴上。

4 丝在绕丝棒上绕好之后，先用水淋湿浸透，再摇动纺车将丝缠绕在竹管上。

6 准备织成纱或罗的丝，必须要从面粉调成的浆水里过一遍。有些丝染过色后失去了原来的特性，就要用牛胶水来浆，这样做出来的纱叫清胶纱。浆丝的糊料要放在梳筘（kòu）上，来回推移梳筘使丝浆透。

7 布匹丝绸光秃秃的还不够好看，要在上面点缀些花纹才好，所以就有了提花机。提花机高高耸起的是花楼，中间托着的是衢（qú）盘，下面垂着的是衢脚。在花楼的正下方挖一个坑，用来安放衢脚。提花的小工，就坐在花楼的木架子上。

8 有些又轻又小的布制品就不必动用提花机这个大家伙了，只用小织机就可以了。织匠用一块熟皮当靠背，操作时全靠腰部和臀部用力，所以小织机又叫作腰机。

这样织出来的布制品，更加整齐结实且有光泽。

不可思议的3D打印

虽然现代人基本上都是用机器纺织布料和制作衣服，但有一种惊人的科技正在悄悄地潜入人们的生活——3D打印技术。这是一种利用电脑将材料一层层堆叠，快速打印成形的高科技。起初，人们用这种技术来打印珠宝、建筑模型或者假牙。渐渐地，3D打印服装也走进了人们的视线。

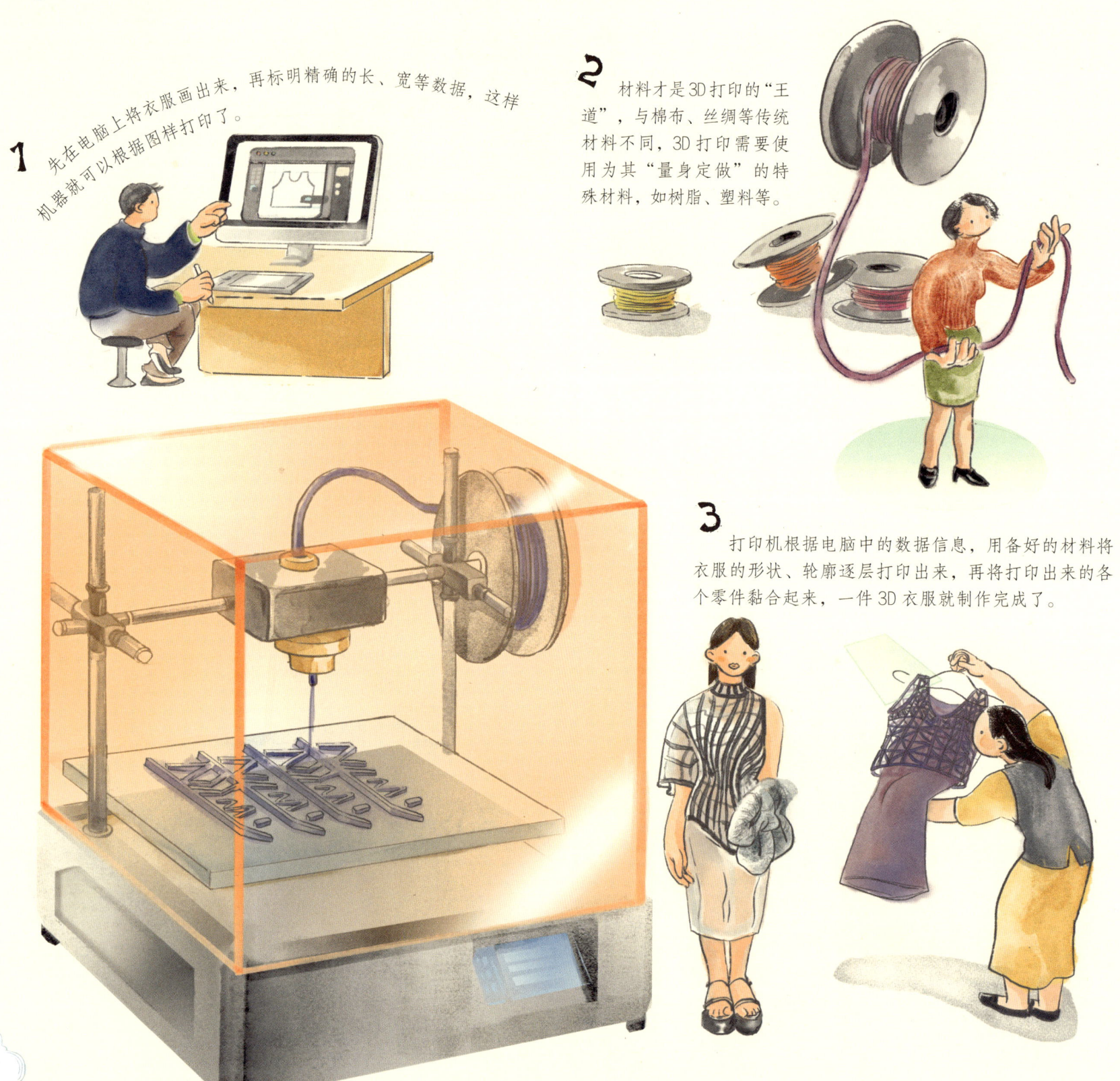

1. 先在电脑上将衣服画出来，再标明精确的长、宽等数据，这样机器就可以根据图样打印了。

2. 材料才是3D打印的"王道"，与棉布、丝绸等传统材料不同，3D打印需要使用为其"量身定做"的特殊材料，如树脂、塑料等。

3. 打印机根据电脑中的数据信息，用备好的材料将衣服的形状、轮廓逐层打印出来，再将打印出来的各个零件黏合起来，一件3D衣服就制作完成了。

第七章 彰施（染色）

天上的云霞是千姿百态的，地上的花草是五颜六色的。要是这些缤纷的色彩与美丽的图案都能染入布料，变成漂亮的衣服穿在身上，该有多好呀！古人这样一想，就开始琢磨起这个事儿了。

很快，人们找到了染布的方法，甚至还将飞禽走兽"抓进"了衣服中。这既是人类的智慧，也有大自然的功劳啊！

第七章 彰施（染色）

2 摘取还带着露水的红花，将其捣烂，用水淘洗后，装入布袋中拧去黄汁；再次捣烂，用已发酵的淘米水淘洗，装入布袋中拧去汁液；用青蒿覆盖一个晚上，将其捏成薄饼状。

3 将红花饼用乌梅水煎煮出来后，再用碱水澄清几次，颜色就会变得非常鲜艳。

1 有一种花叫红花，到了夏天就会开放。等到红花彻底开放后，就可以摘下来了。记住，一定要在天刚亮红花还带着露水的时候摘取。

这是中国古代用来提取大红色的主要原料。

4 槐树最初长出的花在还没开放时叫作槐蕊，染绿衣服时需要用到它。采摘时，将竹筐成排放在槐树下，然后将槐蕊收集起来，加水煮开，捞起沥干后捏成饼。

5 油绿色的布料就是用槐蕊稍微染一下，再用青矾水浆成的。

第七章 彰施（染色）

6 茶褐色是用莲子壳煮水染色，然后用青矾水染成的。

7 包头青色，其实是一种深黑色。将栗子壳或莲子壳熬煮一整天，然后捞出来将水沥干，再把它与铁砂、皂矾放进锅中煮一整夜，染料就制成了。

8 蓝色可以从一种特殊的植物中提取,这种植物叫作茶蓝。

9 茶蓝需要在冬天的时候收割,人们将其叶子一片片摘下,放进桶里或者缸里,用水浸泡多天,颜色自然就出来了。

10 之后再加入石灰,搅拌几十下,就会凝结成蓝淀。水静放以后,蓝淀就会沉积在底部。

富有传统魅力的扎染

布料上仅有缤纷的色彩,还不能满足人们对美的追求,人们还在琢磨,能不能在衣服上开出灿烂的花朵呢?能不能多一些神秘的图案呢?于是,一种名为扎(zā)染的技术便诞生了。扎染技术是中国一项传统而极富魅力的染色技术。

1 先将需要扎染的布料浸泡在水中,加入漂白粉,让它变成洁白的"画纸"。

2 在布料的边角打上结,或者用线绳把布料捆绑起来,又或者将它折叠起来,总之就是不能让它舒舒坦坦地平摊着!

3 将这些被绑得奇奇怪怪的布料扔进染缸。不同颜色的染缸使用的材料不同,如蓝色染缸里是泡了三个月的板蓝根水,颜色是深浓的藏蓝。

4 浸泡一天之后,布料就可以"出浴"了。将染好的布料放在竹席上滤水,拆掉扎结的线,打开那些纠缠在一起的结,未染透的地方就显现出了图案。

5 等到布料被太阳晒得干干的,不再有一丝一毫的湿气之后,奇迹就出现了。

第八章 五金（冶金）

金属是分等级的。最贵的黄金，要比普通的黑铁矿贵重很多。然而，如果没有铁质的锅、刀、斧这些人们日常使用的工具，即使有了黄金，人们的生活也会非常不便。

金属的另一个作用是铸成钱币，充当贸易往来中的流通媒介。《周礼》中说，有些官员掌有铸钱的权力，就牢牢控制了一切货物的命脉。

如何区分金属的好与坏？如何辨别其价值的高与低呢？让我们一起来看看吧！

第八章 五金(冶金)

1 黄金是所有金属中较为昂贵的，采金的人在山上开凿数十米深，一看到伴金石，就可以找到金了。伴金石呈褐色，其中一头好像被火烧黑了一样。

2 开采银矿是个巨大的工程。先要找到一些藏着银矿的山，通常山上会出现一堆堆微带褐色的小石头。银矿埋藏得较深，而且像树枝一样分布，采矿人要挖很深才能找到银子的踪迹。能炼出银的矿石叫作礁，细碎的叫作砂，礁砂被挖出来之后就要熔炼了。

3 礁砂在入炉之前，先要洗一洗。炼银的炉子是用土筑成的，炉底下铺上一些瓷屑和炭灰。炉旁还要砌一道砖墙，风箱就安装在墙背，由两三个人拉动鼓风。如果火力足够，炉里的礁砂就会熔化成团。银矿中常常含有铅，这时，银和铅还没有被分离开来。

砖墙是用来隔热的，这样才能避免烘烤拉风箱的人。

4 将熔化的矿石冷却后取出，放入分金炉里，透过一个小门辨别火力的大小。当达到一定的温度时，矿石会重新熔化，铅就沉到炉底，这样就可以提炼出纯银来了。

5 把可能掺了铜、铅的碎银铸成纯银的银锭时，需除去银里的杂质。将碎银放入坩埚（gān guō），送进炉里用猛火熔炼，撒上一点儿硝石，里面的杂质便沉在坩埚底了，从而得到了更纯的银。

第八章 五金（冶金）

深一点儿的铁矿石，在下雨地湿的时候，用牛犁地，也能挖出来。

8 全国各地都有铁矿，而且很多都在浅层地面，不需要挖洞，所以铁的出产量较高。

露在外面的铁矿石，可以直接用手捡起来。

7 有的铜矿石里也混杂着铅，分离它们同样很简单：在炉上留高低两个孔，先熔化的铅从上孔流出，后熔化的铜从下孔流出。

6 铜矿石的大小和光泽不一样，有的大，有的小；有的发亮，有的发暗。需要先把矿石夹杂着的泥沙洗去，然后入炉熔炼。

9 炼铁炉是用掺盐的泥土砌成的。风箱要多人一起推拉才能鼓风。铁矿石化成铁水之后，就会从炼铁炉的腰孔中流出来。腰孔在炼铁时是用泥巴塞住的，只有在矿石化为铁水流出时才打开。铁水流出来后有两条"路"可走，要么直接流入铸模里，成为生铁；要么再被"折腾"一阵，成为熟铁。

10 锡矿分为山锡和水锡。山锡自然是在山中，人们不用挖很深就能找到。水锡则藏在小溪里，通常是黑色的，细碎得像面粉一样。

11 炼锡时，当火力足够却不能熔化锡矿石时，需要掺入少量的铅作为引子，这样锡才会大量熔流出来。炉旁安一根铁管，将炼出的锡水引流到炉外。

真金不怕火炼

到现在人们还会把"一寸光阴一寸金"挂在嘴边,可见千年的时光流转并没有使黄金退出令人追捧的舞台。在现代,机器的发明和技术的进步,为人们提炼黄金助了一臂之力。

1 将来自不同"产地"的金精矿、铜精矿及一些其他的矿料,按照一定的比例进行混配。

2 接下来,就要接受高温的洗礼了。它们来到上千摄氏度的底吹炉里进行熔炼,在氧气的"催动"下,迅速完成了从固体到液体的变身。

3 从炉口流出的"金水"被分别浇注到不同的铜板里,再经过不断的加工、提炼,金灿灿的黄金就这样炼好了。

第九章 冶铸（铸造）

冶铸的历史非常悠久，上古的黄帝时期就有铸造铜鼎的记录，后来的夏禹时期，地方官员进贡金属，帮助禹王铸成大鼎。用火来冶铸金属的技术，从此一天天地发展起来了。

铸造出来的物品，有精有粗，有大有小，作用各不相同。钝拙的器物可以舂捣东西，锋利的工具可以耕种田地；薄壁的锅可以烧水煮食，中空的大钟可以奏响美妙的乐章；虔诚的人们造出了精致逼真的神佛铜像，心灵手巧的工匠参照月亮的轮廓造出了光滑的铜镜……

其实，人们在冶铸方面所能做到的，还远不止这些。

1 铸造万斤以上的大钟很耗费人力。先挖一个三米多深的坑，保持坑内干燥，并把它构筑得像房舍一样。将石灰、细砂和黏土混合，倒入坑里，做出大钟的内模，要求内模没有丝毫的裂缝。

钟是金属乐器之首。对于铸钟来说，铜是上等材料，铁是下等材料。

在钟模的顶上搭建一个高棚防止日晒雨淋。

2 等内模干燥以后，用牛油和黄蜡涂上一层厚厚的保护膜。油蜡层涂好后，就可以在上面精雕细刻上精美的文字和图案了。再用极细的泥粉和炭粉调成糊状，涂抹在油蜡层上做外模。

6 铸造千斤以内的小钟，只要十几个小炉子就可以了。把铁条当作骨架，并用泥塑造而成。炉体下部的两侧要穿上孔，方便人们插上长木抬着移动。所有炉子都平放在土墩上，一起鼓风熔铜。铜熔化以后，人们就用长木抬起炉子，把铜液倾注进钟模中。

5 当所有熔炉里的铜都已经熔化时，就一齐打开出口，铜液会像水一样沿着泥槽注入钟模内。这样，大钟便铸成功了。

泥槽的两旁还要用炭火围起来，以防半路凝固。

4 油蜡流完了，就要把铜液倒进空腔中了。铸造大钟很费铜料，需要在钟模的周围修好几个熔炉和泥槽。泥槽的一头是几个熔炉的出口，另一头则倾斜接到钟模的浇口上。

3 等到外模的里外都干透变得坚固后，便用慢火烤炙。里面的油蜡熔化后从开口处流出来，这时内外模之间的空腔便是未来大钟成形的地方。

第九章 冶铸（铸造）

锅是用来烧水煮饭的，人们的生活可离不开它。

铸造锅的原料是生铁或者废的铸铁器。

7 铸造锅与铸造钟一样，也要先做好模具。模具干燥以后，用泥捏造熔铁炉。炉的背面接一条可以通到风箱的管，炉的前面有一个出铁水的出口。生铁熔化成铁水以后，用铁勺子接住铁水，将铁水倾注到模具里。揭开盖模，锅身还是通红的，如果发现有裂缝等不足之处，马上浇少许铁水修补，并用湿草片压平，几乎看不出修补痕迹。

8 铸铜钱也需要用模具，先用四根木条组成一个空框，用筛选过的细泥粉和炭灰混合后填实空框，再在上面撒少量的杉木炭灰或柳木炭灰。然后把上百枚用锡刻成的钱模排在框面上，用另一个填实细泥粉和炭灰的木框合盖上去，就构成了铜钱的正、背两个框模。用同样的方法制作出多套框模，把它们叠合在一起，用绳索捆绑固定。木框的边缘留有灌注铜液的开口，工人用铁钳把熔铜的坩埚从炉里提出来，另一个人用铁钳托着坩埚的底部，一起把铜液注入框模中。

9 冷却之后，打开框模。这时，只见密密麻麻的铜钱就像累累果实结在树枝上一样。最后就是锉（cuò）钱了，先锉铜钱的边沿，用竹条穿上铜钱，仔仔细细锉平那些不规则的地方。

钢铁是这样炼成的

铁在我们的生活中随处可见。炒菜做饭，需要铁锅；出入平安，需要铁门；建屋造房，需要铁钉。时代越发展，越离不开铁，那么，现代的冶铁技术是什么样的呢？

1 将原料——铁矿石、焦炭和石灰石按一定比例加入高炉（炼铁炉）中，高炉下有进风口，大量的空气从进风口吹入高炉中。

2 在高炉的不断加热下，坚硬的铁矿石熔化成了液态的铁水。

3 炼铁时加入石灰石，是为了使铁矿石中不容易熔化的矿料与石灰石发生反应，生成浮于铁水之上的炉渣，这样铁水中的杂质就被分离出来了。

4 液态的铁水在高炉中积累到一定程度后，就会从炉底放出。再被运送到各个加工地，有的会直接做成各种铁制品，有的可以加工成钢。

第十章 锤锻（锻造）

有了金属与铸造术之后，人类就开始制作各种兵器与乐器。这些器物都是用烈火烧制而成的，可是如果没有钳子和锤子这些小工具的帮助，金属很难被制作成各种精致的造型。

大到可以在狂风巨浪中稳住船只的千斤铁锚，小到轻如羽毛的绣花细针，与制造大钟的冶铸技术相比，锤锻技术便是另外一番绝伦的"风景"。

第十章 锤锻（锻造）

2 制作锄头时，先把熟铁锻打成形，再将熔化的生铁抹在锄口上，烧红放入水中冷却后，锄头就会变得十分坚韧。

1 铁质的兵器之中，薄的是刀或剑，背厚而刃薄的则是斧头或砍刀。将生铁烧成熟铁，烧红后立刻进行锤打，锤打出形状后随即放入水中（这叫作淬火），可以使其更加坚韧。

3 锚是船的安全守护神。每当船在航行中遇到狂风巨浪而无法靠岸停泊时,船的安全就得依靠锚了。有的战船或海船的锚,重量可达上万斤。船锚的锤锻方法是"组合型"的:先锤出四个铁爪子,再将铁爪子逐一锤合到锚的身上。

第十章 锤锻（锻造）

5 这还没完呢！将针放入锅里，用慢火炒。炒过之后，倒入泥粉、松木炭和豆豉将针掩盖，下面用火烧。留两三根针插在外面，作为观察火候之用。当外面的针能用手捻成粉末时，就表明可以开封了。在凉水中冷却后，针就做好了。

4 绣花针虽细小，但制作流程非常复杂。先将铁片锤成细长的铁条，然后在一根铁尺上钻出小孔，再将铁条从小孔中抽过使其变成铁线。将铁线一截一截剪断做成针坯，然后把针坯的一端锉尖，而另一端锤扁，用硬锥钻出穿线的针眼，再把针的周围锉平整。

6 金属乐器的制作更有意思。

铜锣不用铸造,而是在金属熔成一团后再精心敲打而成的。

将其锤打成圆片,然后进行敲打使之成形。

7 在铜锣中心打出一个凸起的圆泡,然后用冷锤定音。

锻造国之重器

古代的锻造技术需要手工不停地敲打,既费力又很难把握,但自从有了现代化生产,这个工作就变得更加精准了。锻造的设备有很多种,但毫无疑问它们都是"大力士",能让坚硬的金属变成我们想要的形状,甚至能去除金属里的杂质,让金属完成"质"的飞跃。

1 8万吨模锻液压机,并不是说它重达8万吨,而是说锻造时的压力达到8万吨。中国自主研发的国之重器,成功地挑战了人类"制造极限"。这种模锻液压机锻造出的部件很多都是核心部件,为中国航天、舰艇等领域的发展"保驾护航"。

2 为了锻造一些"巨无霸",我们制造出了超大型锻造操作机,可以轻松地把需要锻造的东西夹住。最大的操作机可以夹住300吨的重物,相当于一次举起2~3头蓝鲸,这不仅省了很多人力,而且更加安全了。

第十一章 陶埏（shān）（陶瓷）

都说水火是天敌，水火不相容。可是你知道吗？就是因为水与火的完美配合，泥土才能变成坚固而精美的陶器，供千千万万的人使用。

房屋可以遮风避雨，是因为有砖瓦；边疆关卡可以抵御敌人，是因为有城墙；美酒能长久地保持醇香，是因为有密不透风的陶瓮；更别说那些盛放祭祀用品的祭器了。

瓷器有的轻薄似纸，有的凝白无瑕，有的如玉石一般圆润光滑。瓷器可以说是陶器的"加强版"，外表更加光滑也更加耐磨，美丽的纹饰和光亮的色彩交相辉映，文雅美观，让人爱不释手。

第十一章 陶瓷 陶埏

3 等泥片稍干一些后拿下来，就自然裂成四片瓦坯了。瓦坯放入窑中烧制后，便可使用。

2 从泥墩上割出一片陶泥，将它包裹在圆桶的外壁上。

1 制造瓦片，要从半米多深的地里选择不含沙子的黏土作为原料。先用圆桶做一个模具，在圆桶的外壁上画出四条等分线。把黏土和好后踩成熟泥，并堆成高的长方泥墩。

4 砖也是用黏土做成的。先用水将黏土浸透,再赶几头牛到黏土上反复踩踏,将其踩成稠泥。然后把稠泥填满木框,削平表面,取下木框后,砖坯就做成了。

5 将砖坯放入专用的砖窑里烧,烧窑时要注意从窑门往里面观察火候。若是烧制带釉光的青砖,要在窑顶堆砌一个平台,平台四周应该稍高一点儿,从上面灌水。窑顶的水从窑壁的土层渗透下来,与窑内的火相互作用,就可以形成坚实耐用的砖块了。

6 煤炭窑要比柴窑高,顶上圆拱逐渐缩小,不封顶。窑里面堆放直径约为半米的煤饼,每放一层煤饼,就添放一层砖坯,最下层垫上芦苇和柴草以便引火烧窑。

7 缸窑和瓶窑都不是建在平地上的，而是建在山冈的斜坡上，几十个窑连在一起，一个窑比一个窑高。这样依傍山势，既可以避免积水，又可以使火力逐级向上渗透。窑顶的圆拱砌成之后，上面要铺一层细土。窑顶每隔一段距离，就开一个透烟窗。

最小的瓶瓮装入最低的窑，最大的缸则装在最高的窑。

8 小的陶器好做，大的缸却需要"合体"才能完成。制作大口的缸时，要先分别制成上下两截泥坯，再将它们接合起来。接合处用木槌（chuí）内外打紧。小口的坛、瓮也是这样"合体"而成的，只是里面不好捶打，就用一个像金刚圈一样的瓦圈承托其内壁，外面用木槌打紧。

陶瓷的制作工艺更为精细的，有的还有嘴和耳，这需要另外烧制好再粘上去。

9 做瓷的坯有印器和圆器两种。圆器都是人们的日常生活用品，制造这种圆器坯，要先做一辆陶车。长直木一头深埋地下，一头露在外面，在上面上下各安一个圆盘，上面的圆盘正中放一个盔帽。拨动盘沿，陶车就会旋转，人们再用手去捏塑坯泥的形状。

10 捏制杯、盘时，用拇指按住泥底，使泥沿着拇指顺势向上展薄，便可捏出形状。泥坯做成之后，把它翻过来罩在盔帽上，压印一次。稍晒一会儿，在泥坯还保持湿润时，再印一次，这样可以使泥坯的形状圆而周正，然后把它晒干。再蘸一次水，把带水的泥坯放在盔帽上，用利刀修刮两次，补齐破损的地方。

11 瓷器坯经过画彩和上色之后，装入用粗泥做的匣钵（bō）中入窑烧制。窑顶有圆孔，从上往下透，火候足了就可以停止烧窑了。被称为天窗。先从窑口生火烧，火力从下往上攻；再从天窗丢进柴火煮，火力

做好之后就可以在上面绘画或写字，然后上色了。

不是泡沫的泡沫砖

砖瓦是用来砌房子的,一定要结实坚硬。随着时代的发展,新技术越来越多地走进人们的生活中。相比于传统砖瓦,新型建筑材料泡沫砖具有质轻、防火等优质性能。下面我们就来看看,泡沫砖是怎么制作的吧!

1. 将水泥、石灰和砂等原料,按照一定的比例倒入专用的搅拌机中,加入水和发泡剂,使它们充分混合,变成水泥浆。

2. 将搅拌好的水泥浆依次浇筑到准备好的模具里。

3. 将模具送到初养室进行发泡,在一定的温度与湿度下,让泡沫和水泥浆充分混合。

4. 经过一段时间的凝固,就可以将泡沫砖从模具里取出来了。将它们切割成适合的大小,静放一周,泡沫砖就制作完成了。

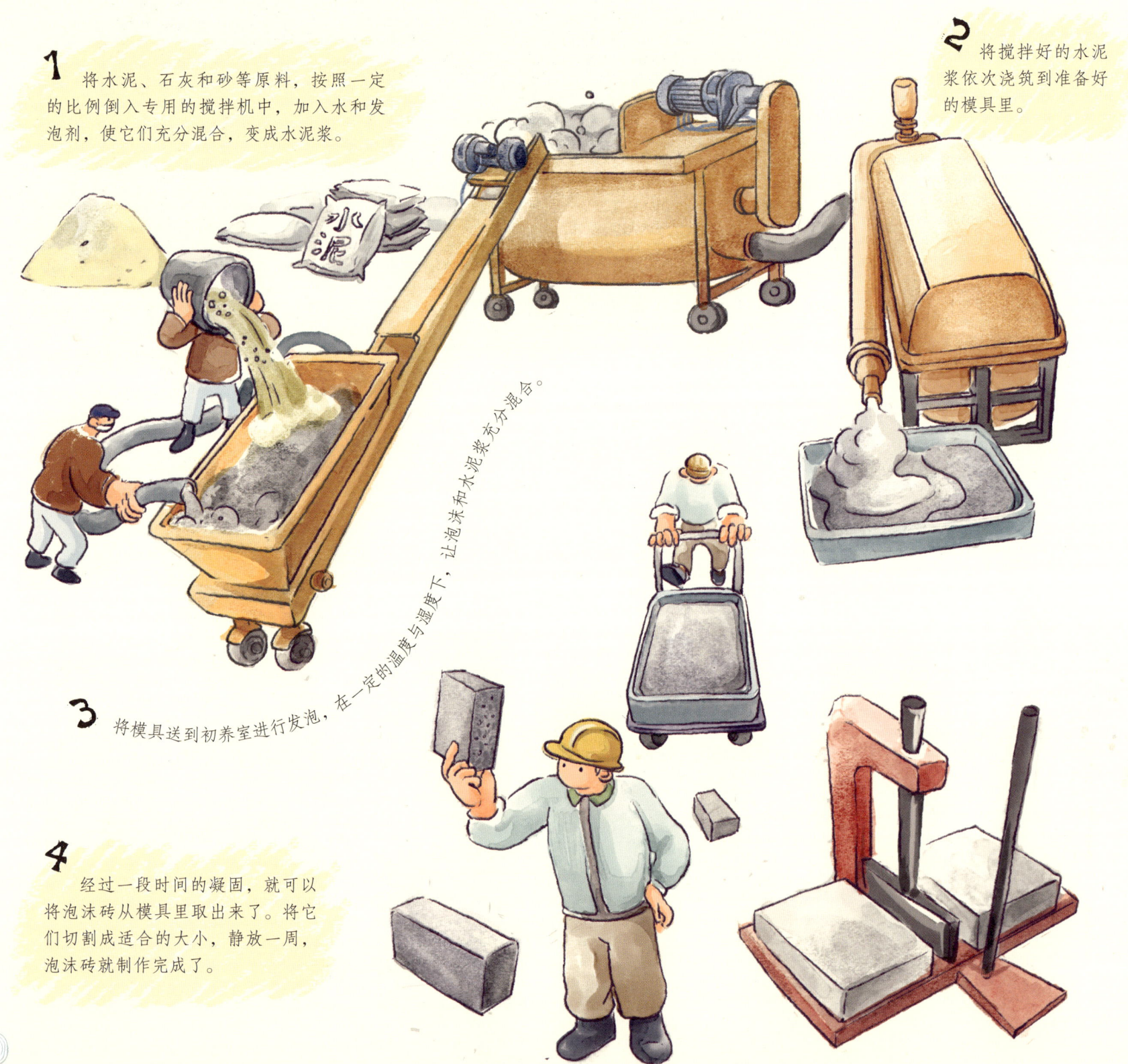

第十二章 燔(fán)石

（非金属矿石烧炼）

五行是指金、木、水、火、土。这里面的"土"是非常厉害的，因为它孕育了万物。

而看似柔弱的水，其实也很强大，只要是有裂缝的地方，水就能够渗透进去，让东西腐坏。但如果把"石头"焚烧炼出石灰，再强大的水也只能干瞪眼。涂抹过石灰的船板可以防水，使得船只在波涛汹涌的大海中也能来去自如。

不同的"土"，不同的"石头"，在烈火的焚烧中会产生不同的形态与作用。真是奇妙啊！

第十一章 燔石（非金属矿石烧炼）

煤在古代是非常重要的东西，大部分的金属煅烧都需要它。

1 采煤经验丰富的人，可以通过地面上的土质情况判断出地下是否有煤，但需要往下深挖才能找到煤。煤层出现时，会冒出大量可使人窒息或中毒的气体。但这难不倒聪明的人类，人们将大竹筒的中节凿通，削尖竹筒末端插入煤层，等这些气体通过竹筒排出后，再下去挖煤。挖煤时，人们会用木板作为支撑，以免煤洞塌方伤到人。

5 牡蛎的肉非常鲜美，人们在享用完它们的美味之后，便把壳收集起来，与煤饼堆砌在一起烧，得到的就是和石灰功能一样的蛎灰了。

4 沿海地区很少有石灰石，可偏偏出海打鱼的人最需要石灰来修补船只。于是，人们找到了一种可以用来代替石灰石的东西——牡蛎壳。

3 煅烧石灰石一般都会用到煤。用煤与泥混合做成煤饼，然后一层煤饼、一层石灰石交替堆砌，点火煅烧。到一定火候后，石头就会变脆，放在空气中会慢慢风化成粉末。

2 石灰是用一种叫石灰石的石头煅烧而成的。这种石头一般埋在地下半米多深的地方，青色的品质最好，黄、白色的次些。

第十一章 煅石 非金属矿石烧炼

6 硫黄是烧炼矿石时产生的液体，经过冷却后凝固而成的，它可以用来制作火药、农药等。烧取硫黄的矿石与煤矿石的形状相同，但煅烧的方法不一样。

7 先用煤饼包裹矿石并堆垒起来，外面用泥土夯(hāng)实并建造熔炉。炉子顶部中间隆起的部分留一个圆孔，随着温度的升高，就会有黄色的气体从圆孔处冒出来。

9 煅烧矾也是个大工程。先把附在煤炭外层的矿石子放入炉内，再用煤饼将其包裹住。在炉顶留出一个圆孔，让火焰能够从炉孔中透出。炉孔旁边用矾渣盖严实，然后从炉底生火，炉火大概要连续烧多天才能熄灭。

8 将一个中部隆起、边缘有内卷凹槽的钵盂（yú）覆盖在炉孔上。这其实就是一个蒸气收集罩，硫黄的黄色蒸气沿着炉孔上升，被钵盂挡住后冷凝成液体，沿着钵盂的内壁流入凹槽，又透过管道流进小池子，最终凝固而变成固体硫黄。

10 砒霜虽有剧毒，但非常有实用价值，不仅可以驱除农田中的鼠害，还可以防治病虫害。

11 烧制砒霜时，先在下面挖个土窑堆放砒石，然后在土窑上面砌个弯曲的烟囱，再把铁锅倒过来覆盖在烟囱上。烧窑时，烟顺着烟囱排出，贴在铁锅的内壁上。熄灭炉火，等烟气已经冷却了，便再次起火燃烧。这样反复几次，一直到锅内贴满砒霜才把锅拿下来，打碎锅而剥取砒霜。

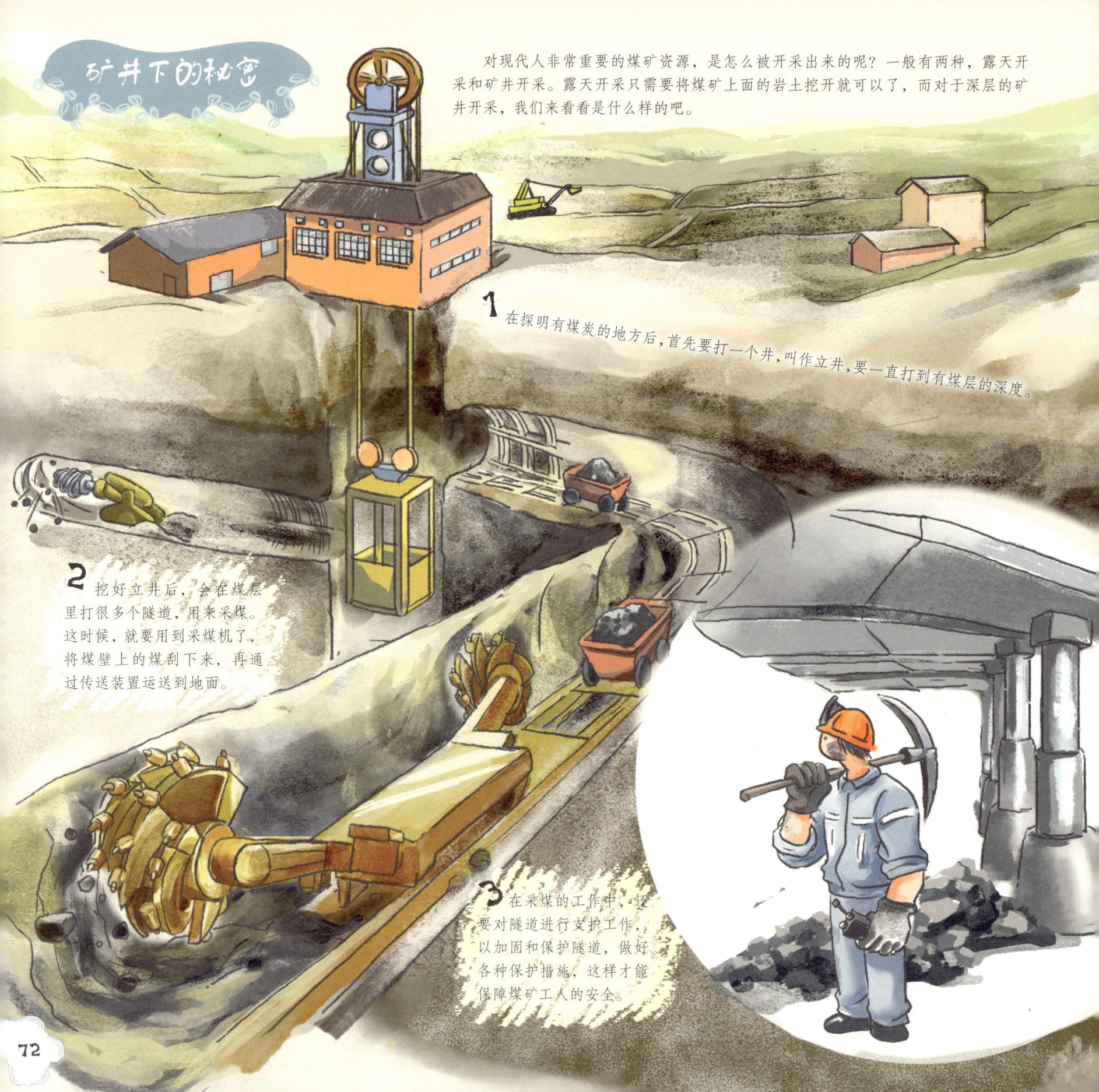

第十三章 杀青（造纸）

万物的精华、天地的奥妙，从古代传到现代，从中原传到边疆，这些精彩之处是用什么东西记载下来的呢？君主与臣下交换意见，老师传授课业给学生，如果仅凭口述，恐怕难以解决所有问题。但是，只要有一篇短文或者半卷书，就能把很多道理阐述得清清楚楚。

纸是以竹骨和树皮为原料做成的，除去树木的青色外层制作白纸。精细的纸可以著书立言，而粗糙的纸则可以糊窗挡风。

自从世上有了纸以后，几乎人人都能从中受益。

第十三章 造纸 杀青

1 造竹纸最好的材料,是即将生枝叶的嫩竹。每年一到芒种时节,人们便可上山砍竹。把嫩竹截成几段,在附近的平地上挖一口山塘,把水灌进去,浸泡竹子。浸泡一百多天后,再把竹子取出,用木棒敲打,最后洗掉竹子表面的粗壳与青皮,这一步骤就叫作杀青。

2 杀青后的竹穰(ráng)已经比较柔软了,再用优质的石灰调成浆涂在竹子上,放入锅里并盖上木桶煮上八天八夜。停止加热一天后,揭开木桶,取出竹麻,放到清水塘里清洗干净。

6 等到数目够了时,就压上一块木板,捆上绳子并插进一根棍子,绞紧,把水分压干。然后用小铜镊(niè)把纸逐张揭起,烘干。烘焙纸张时,先用土砖砌两堵墙形成夹巷,底下砌出一条火道,火从巷头的炉口燃烧,热气充满整个夹巷。等到夹巷外壁的砖都烧热时,就把湿纸一张张地贴上去烘干,揭下来的就是可以使用的纸了。

3 竹麻洗净后,用柴灰水浸透并放入锅内,再铺上稻草灰。煮沸之后,就把竹麻移入另一个锅中,继续用柴灰水淋洗,煮沸再淋洗。这样经过十多天后,竹麻就会腐烂发臭。之后将其放入白内春成泥状,倒入抄纸槽中。

4 抄纸槽像个大大的抽屉,槽内存放清水,水面高出竹麻一些,并加入纸药水(一种植物的叶子做成的药水),这样做出来的纸会很白。抄纸帘是用竹丝编成的,展开时下面有木框托住。双手拿着抄纸帘放进水中,荡起竹浆让它们进入抄纸帘中。

5 纸的厚薄可以靠人工来调节:轻轻地荡,纸就薄;重重地荡,纸就厚。拿起抄纸帘,水便从帘眼流回抄纸槽。然后把帘网翻转,让纸落到木板上。

8 制造又长又宽的皮纸，所用的抄纸槽要很宽，抄纸帘要很大，这个工作一个人干不了，需要两个人对抄。如果是超级大的棂（líng）纱纸，则需要几个人一起操作才行。

7 用楮（chǔ）树皮造纸的最佳时期是在春末夏初。将楮树皮、嫩竹一起放在池塘里浸泡，然后涂上石灰浆，放到锅里煮烂。之后的步骤与前面提到的嫩竹造纸的步骤是一样的。

9 日本有些地方的造纸方法非常简单,将纸料煮烂之后,把宽大的青石放在炕上,在下面烧火使石头发热,用刷子把纸浆薄薄地刷在青石面上,揭下来就是一张纸。

10 中国四川省还有一种"薛涛笺",又名"浣花笺",是用木芙蓉皮为原料,煮烂后加入芙蓉花的汁,做成的彩色小信纸。

薛涛笺

据说,这种纸是唐代女诗人——薛涛指点工匠来制作完成的,所以人称"薛涛笺"。这种纸的优点之一是颜色好看,唐代诗人李商隐有诗云:"浣花笺纸桃花色,好好题诗咏玉钩。"

树到纸的完美变换

我们现在日常生活中使用的纸,也是用木材制成的。在造纸厂里,树木经过各种不同的工序,最终变成了纸。下面,就让我们看看在机械化的现代,纸是如何制作的吧!

1. 造纸的第一步是制浆,也就是说要将造纸的原材料——木材放入机器中粉碎,再加入水经过蒸煮制成纸浆。

2. 接下来,根据纸张的韧性、颜色,甚至保存期限等所需的特性,加入适当的染料和其他添加剂进行调制。

3. 加入一定比例的水,稀释调制过的纸浆浓度,然后将其均匀地分布在网上,经过脱水、干燥等步骤,就可以让"湿纸"变成"干纸"。最后,根据需要将完整的纸张,切割成合适的大小。

第十四章 丹青（朱墨）

我们到现在还能读到几千年前写的古书，笔、墨、纸、砚绝对是头号大功臣。更妙的是，墨不仅仅是黑色的，通过水火的作用与石头的提炼，让书画五颜六色，这才有了我们现在能欣赏到的丹青画卷。

阅读书文，用赤笔在旁加以批注；临摹万物，以墨作画，辅点颜料，再现形与美。颜料的调制可借水火之力，大自然的万千变化，真是让人敬佩不已！

5 在锅底下起火加热，煅烧大约十个小时，在水罐中可得到水银，未化尽的砂粉会附于锅壁，可冷却后扫下。

4 锅上面还要倒扣另一口锅，锅顶留一个小孔，两锅的衔接处要用盐泥密封，确保不会漏气。锅顶上的小孔和一支弯曲的铁管相连，铁管通身要用麻绳缠绕紧密，同样涂上盐泥密封。铁管的另一端则通到装有水的罐子中，使锅中的水银蒸气只能到达罐子里并冷却。

3 水银（汞）和朱砂来源于同样的矿石，矿质较差的朱砂矿会用来提炼水银。将矿石碾成粉末，加水搓成粗条，再放进锅里，用柴火烧。

6 古代，大部分的墨都是用松木燃烧后的烟灰制成的，价格不高，普通人都能买得起。

7 用桐油烧成的烟灰做的墨较贵重，需要到盛产桐油的地方去购买便宜的桐油，就地点燃，把烟灰带回去制墨。

8 用松木的烟灰来制墨非常普遍。先让松树中的松脂流掉，然后把树砍下来。要做纯净的墨就必须让松脂流得一滴不剩才行。最好的办法是在松木树干接近根部的地方凿一个小孔，然后点灯缓缓燃烧，让整棵树上的松脂都流出来。

9 烧松木取烟灰时，先把松木砍成一定的尺寸，并在地上用竹篾搭建一个圆拱篷，就像小船上的遮雨篷那样，用纸和草席糊紧密封。每隔一段距离，就留出一个出烟小孔。竹篷和地面接触的地方盖上泥土，篷内砌砖时要预先设计一个通烟火路。

10 松木在里面一连烧上好几天，冷却后人们便可进去扫刮烟灰了。

从绘画到彩泥

如今，绘画不再只是王公贵族独享的权利了，它走进了家家户户。颜料也不再像古时那样价格昂贵、工艺复杂，我们在很多"艺术创作"中都能找到它的身影，丹青画卷也变成了各式各样的艺术形式。你知道我们最喜爱的环保彩泥，是如何制作的吗？

1. 彩泥是橡皮泥的"升级版"，可以捏成各种形状。为了能让宝宝安全接触，人们甚至还发明了可以吃的食用色素。

2. 取一些面粉和其他的配料放入容器中，再倒入一些水、食用油和你喜欢的食用色素，尽情地搅拌。

3. 接下来就要上锅蒸了，"面团"瞬间变得膨胀、松软。

等它的"体温"降下来之后，就可以任你创作啦！

第十五章 舟车（车船）

生活中，人们不畏险阻，跨越千山、漂洋过海，为的就是相互沟通与往来贸易。居住地相隔较远的人，为了见面，会借助车船等交通工具；运送物资，也需要借助交通工具。

这么说来，发明车船的人真是很伟大呀！

第十五章 舟车(车船)

1 漕船的船底相当于建筑物的地基，船身就是它的墙壁，上面是甲板和桅杆等。大一些的漕船，要有两根桅杆。桅杆上的风帆是用竹篾制成的，可以折叠。通过风帆的展开程度来控制船的航行速度。

2 元末明初，运米的海船叫作遮洋浅船，小一点儿的叫作钻风船，也有人叫它海鳅(qiū)，因为它像泥鳅一样小巧、灵活。

3 在江浙一带,供人们搭载的船叫作浪船,旅客无论贫富都搭乘这种船出行。浪船即便很小,也配有窗户和厅房。人和货物在船里要做到两边重量保持平衡,否则浪船就会倾斜,因此这种船俗称"天平船"。

4 还有一种课船,是给官府运输税银用的,就像现在我们的运钞车。课船的船身十分狭长,前后有很多个舱,每个舱只有一个铺位那么大。

第十五章 舟车

5 陆地上跑的大部分是骡马车。骡马车有四轮的,也有双轮的,车上面的承载支架是从轴那里连接上去的。

6 两轮的骡马车停马脱驾时,要用短木向前抵住地面来支撑,否则车就会向前倾倒。

7 四轮骡马车的驾车人,站在车厢高处掌鞭驾车,手执的长鞭是用麻绳做的,看到有不卖力气的骡马,就挥鞭打到它的身上。车在行进时,如果前面遇到行人要停车让路,驾车人立即发出吆喝声,骡马就会停下来。

8 北方有一种独轮车,驴子在前面拉,人在后面推,不习惯骑坐在马背上的旅客常常租用这种车。车的座位上有拱形席顶,可以挡风和遮阳,旅客一定要两边对坐,不然车子就会因为失去平衡而倾倒。

9 南方的独轮推车就只能靠一个人推,如果遇到坎坷不平的路就很难通过。

现代的车船

从人类解放"双脚",驯服动物作为出行的"动力",到将燃料注入发动机,实现"上天入地"的梦想,交通工具一直处于飞速发展的状态。那么,它们是如何被生产出来的呢?

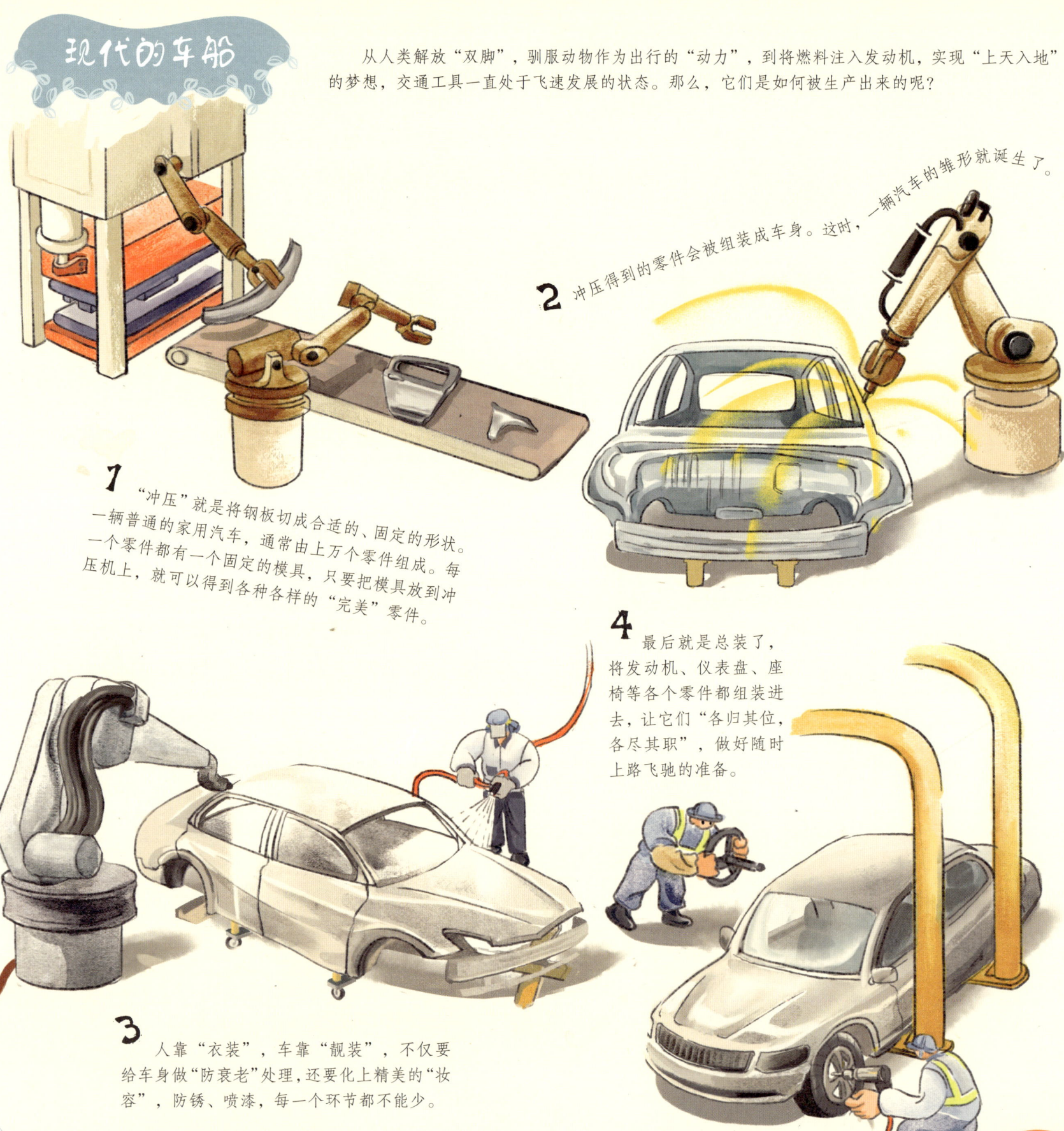

1 "冲压"就是将钢板切成合适的、固定的形状。一辆普通的家用汽车,通常由上万个零件组成。每一个零件都有一个固定的模具,只要把模具放到冲压机上,就可以得到各种各样的"完美"零件。

2 冲压得到的零件会被组装成车身。这时,一辆汽车的雏形就诞生了。

3 人靠"衣装",车靠"靓装",不仅要给车身做"防衰老"处理,还要化上精美的"妆容",防锈、喷漆,每一个环节都不能少。

4 最后就是总装了,将发动机、仪表盘、座椅等各个零件都组装进去,让它们"各归其位,各尽其职",做好随时上路飞驰的准备。

现代轮船都是钢铁身躯,船的内部是中空的,外面覆盖着坚硬的"钢铁盔甲"。造船和造车的工艺有异曲同工之妙,人们先把船的设计图纸画出来,按照这个"素描版"生产出需要的零件,再依次组装、搭建。

5 早期的轮船是有轮子的,就是通过像水车一样的轮子转动让船前进的,所以叫作轮船。后来,轮船"升级"了,装上了发动机、螺旋桨,轮子也因此光荣"下岗"了,但"轮船"这个名字没有变,一直流传到今天。

6 船能漂浮在水面上的原理是一样的,当船浸入到水中时会将水"推开",而受到挤压的水会进行反抗,努力将船往上"拱"。

向下推的力是重力,向上拱的力是浮力,它们二者"势均力敌"。人们正是巧妙地运用了这个原理,才让很重的船轻飘飘地浮在了水面上。

7 "雪龙2"号是中国第一艘自主建造的极地科学考察破冰船。"雪龙2"号光船长就有120多米,船头、船尾都可以破冰,甚至能在极区完成原地360度自由转动等高难度动作。

8 "无人驾驶"在古人看来仿佛是天方夜谭,但在人工智能的催化下,逐步进入人们的生活。无人驾驶汽车能够自主驾驶,通过"隐形的眼睛"——传感系统感知周围的道路环境。

第十六章

佳兵

（兵器）

《道德经》中有言："夫兵者，不祥之器，物或恶之，故有道者不处。"意思就是说，兵器是不吉祥的东西，一个贤明的君主是不会轻易使用兵器、发动战争的。

然而，兵器又是统治者必须储备的物品，就算不用来发动战争，也要用来守家卫国。所以说，兵器是非常重要的。

1 弓坯子一般是以竹片和牛角作为主要材料，做好之后，要放在屋梁高处，地面不断地生火烘烤。等到里面的水分干透后，就拿下来磨光，再添加牛筋，涂胶和上漆，这样做出来的弓质量好。

2 牛的脊骨里有一根细长的筋。宰杀牛以后，将这条筋取出来晒干，用水浸泡，然后将它撕成像苎（zhù）麻丝那样的纤维状。弓的弦就是用这种牛筋缠合而成的。

3 造弓还要按使用者的力气大小来区分轻重。测定弓力的方法可以用重物坠住弓身，用秤钩钩住弓弦中点，弦满之时，推移秤锤称平，就可以知道弓力的大小了。

4 弩是镇守营地的重要兵器，明朝的弩有神臂弩和克敌弩，都能同时发出两三支箭。还有一种诸葛弩，可装十支箭。扳机一开，箭就飞射出去了。

弓弩不同

弓和弩都是中国古代的远程武器。拉弓时利用弹性将箭射出去。弩是弓的"升级加强版"，扣发的部件是用金属制成的。一般来说，弩比弓的射程更远，杀伤力更大。

5 水雷

水雷又叫混江龙,一般用皮囊包裹炮药,再用漆密封后沉入水底,岸上用引线来控制。皮囊里挂有火石和火镰,一旦牵动引线,就会自动点火引爆,但它有个缺点——实在是太笨重了。

6 地雷 地雷被藏在泥土中,用竹管穿通引线。引爆时,地雷冲开泥土并炸裂。

7 西洋炮

西洋炮是用熟铜铸成的,圆得像一个铜鼓。放炮时,附近的人和马都会被其声音和威力吓坏。

8 鸟铳

鸟铳很像我们现在的长枪，装火药的铁枪管嵌在木托上，便于手握。如果鸟雀被鸟铳在三十步之内打中的话，会被打得稀巴烂；五十步以外中弹的话，还能看到它们是什么样；超过一百步，鸟铳的火力就不够了。

9 万人敌

万人敌是守城的首要武器，很适合近距离作战，能把千军万马炸得血肉横飞。敌人攻城时，点燃引信，把万人敌抛掷到城下。这时，万人敌会不断地射出火力，而且旋转起来。

千里寻踪的现代武器

国防是国家安全的重要保障,现代武器的比拼可以说是科技水平的较量,拥有高科技装备的精良武器可以起到至关重要的作用。其中,最具代表性的就数"战斗力"十足的导弹了。"少年强,则国强",我们应该为祖国的繁荣富强贡献更多的力量。

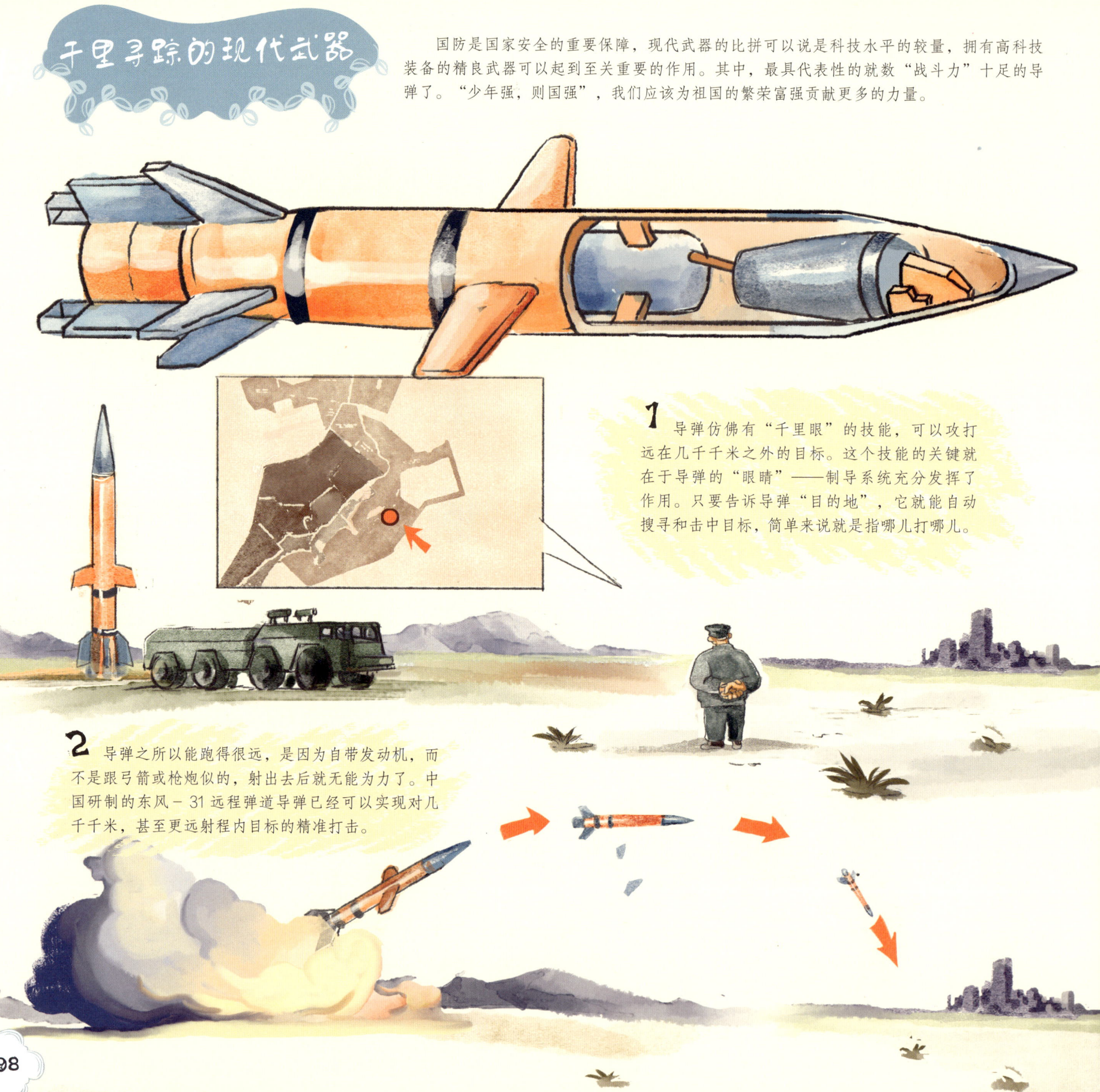

1 导弹仿佛有"千里眼"的技能,可以攻打远在几千千米之外的目标。这个技能的关键就在于导弹的"眼睛"——制导系统充分发挥了作用。只要告诉导弹"目的地",它就能自动搜寻和击中目标,简单来说就是指哪儿打哪儿。

2 导弹之所以能跑得很远,是因为自带发动机,而不是跟弓箭或枪炮似的,射出去后就无能为力了。中国研制的东风-31远程弹道导弹已经可以实现对几千千米,甚至更远射程内目标的精准打击。

第十七章 曲蘖（酒曲）(niè)

酒，有时像个恶魔，有时像个天使。在自控能力不强的人那儿，酒就成了闯祸犯法的帮凶；在一些诗人的眼中，它却成了写出华美诗文的助手。

在古代，祭祀祖先、亲友聚会都需要酒，而酒的酿造就需要酒曲的帮助。这种由五谷精华经水提炼、遇风变化而制成的东西，到底是怎么做出来的呢？

第十七章 曲蘖（酒曲）

2 制作红曲用的是籼（xiān）稻米。米要舂捣得十分精细，用水浸泡七天之后，气味就会变得臭不可闻。接着，就把它们放到流动的河水中漂洗干净。漂洗之后再蒸成饭，此时却会变得香气四溢。饭蒸到半生半熟时，就从锅中取出，用冷水淋一次，等到冷却以后再蒸到熟透。

酿酒必须要用酒曲作为酒引子。

1 有一种能"化腐朽为神奇"的酒曲，叫红曲。自然界中，鱼和肉是最容易腐烂的东西之一，但只要涂上红曲，即便是在炎热的夏天放上十来天，苍蝇和其他蚊虫都不会靠近。

3 趁熟饭还热时，拌进曲种。曲种一定要用最好的红酒糟做原料，加入马蓼(liǎo)汁和明矾水。几个人一起迅速搅拌均匀，直到饭变凉。过一段时间，等饭的温度又逐渐上升了，就说明曲种发生作用了。拌好之后，倒进箩筐里面，用明矾水浇一次，再分开放进篾盘中，放到架子上通风。

4 每两个小时就要翻拌三次曲饭，连续七天，即便是在深夜也要翻拌。曲饭一开始是雪白的，一两天后就会变成黄色，然后黄色转为褐色，又由褐色转为红褐色，再由红褐色转为红色，到了最红的时候再转回微黄色。这样制成的红曲，其价值和功效比一般的酒曲要高。

曲为酒之骨

现代酒的种类非常多，以葡萄酒为代表的水果酒，清甜可口；以白酒为代表的蒸馏酒，香醇浓烈。在酿酒的过程中，为了加快粮食的发酵速度，酒曲起着非常重要的作用。

1. 挑选颗粒饱满的谷物，如小麦、高粱等粮食作为原料，放进锅中进行蒸煮。

2. 将蒸好后的原料摊开降温，同时拌入提前制好的酒曲，再一起埋入巨大的泥坑中进行充分发酵。

3. 完成发酵使命的粮食，开始了"蒸桑拿"的新旅程。蒸馏出的混合气体经过冷却后，就是香气四溢的白酒。再经过精心勾兑，便成为人们餐桌上的"杯中酒"了。

第十八章 珠玉（珠宝）

人们常说，藏着玉石的山，总是闪闪发光；藏着珍珠的水，总是明媚秀丽。广西合浦盛产珍珠，新疆和田盛产玉石，这两个地方都非常美丽。

珍珠和玉石的出现，大大壮大了宝物的"队伍"，它们甚至成了宝物之首。在地大物博的中国，天地之间的精华宝物又何止珍珠和玉石呢！

第十八章 珠玉 (珠宝)

2 采珠的船比其他的船要宽和圆一些，船上装载有许多草垫子。每当经过有小的旋涡的海面时，人们就把草垫子抛下去，可以破坏水流的涡漩运动，从而保证船只的安全。然而，一旦碰到大的旋涡，这个方法的用处就很限了。

1 珍珠产自蚌壳内，传说是映照着月光而逐渐孕育成形，年限越长，就越珍贵。

3 采珠人先用一条长绳绑在身上,然后带着篮子潜入水中。潜水前还要用弯型空管将口鼻罩住,并将罩子的软皮带包缠在耳颈之间,以便呼吸。呼吸困难时就摇动绳子,船上的人便赶快将其拉上来。采珠人出水之后,要立即用热的毛皮织物盖住身体,否则有可能会被冻死。

4 宋朝有一位姓李的官员发明了一种采珠网兜,他做了齿耙形状的铁器,底部横放木棍用以封住网口,两角绑上石头沉入水底,四周围上如同布袋子的麻绳网兜,将牵绳绑在船的两侧。这样一来,船在水面上飞速行驶时,网兜就在水底捞蚌壳。这种办法大大减少了采珠人的死亡。

第十八章 珠宝

6 下井的人用长绳绑住腰部，腰间系两个口袋，到井底发现有宝石就赶紧捡起，将其装入口袋内。腰间系一个大铃铛，一旦感觉不舒服了，就赶紧摇晃铃铛，上面的人便立刻把他拉上来。

5 宝石大多产自矿井中，出产宝石的矿井往往很深，有时还弥漫着像雾一样的有毒气体，人过多吸入这种气体的话会死亡。

7 刚采出来的宝石大小不一，从表面上看不出里面是什么样子的，只有交给琢工锉开后，才知道是什么宝石。

9 玉藏在石头里，要从石头里把它完整地"接生"出来可不容易。坚硬的刀刃肯定是不行的，得用柔软的水和沙。

8 玉矿不像别的矿石那样藏在深深的地下，而是分布在靠近山间河源处的急流河水中。所以，采玉人不用下山洞，要在河水中工作。

10 用铁做个圆形转盘，将一根绳子缠绕在横穿转盘的棍子上，绳子的两端各连一个踏板。将水和沙放入盆内，用脚踏动踏板，圆盘随之旋转，再添沙剖玉。玉石剖开后，再用一种利器——镔铁刀，施以精巧工艺制成玉器。

珍珠的孕育

人们对珍珠的喜爱并没有随着时间的流逝而减少，在技术飞速发展的今天，珍珠这种"天赐"的宝贝，变成了人们可以大量培育的日常装饰品。

1 人们首先会挑选那些生长了一两年，但是还没有成年的育珠蚌，它们的壳大而结实，可以让小珍珠安心长大。

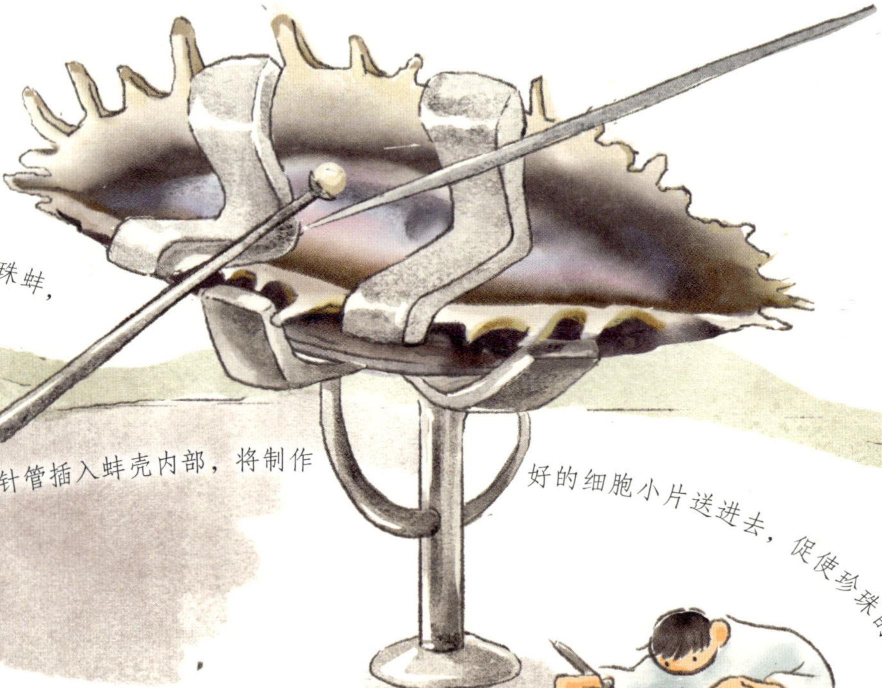

2 微微打开蚌壳，用针管插入蚌壳内部，将制作好的细胞小片送进去，促使珍珠的产生。

3 拔出针管，给蚌壳的"伤口"消毒之后，就可以将它们好好地养起来，等珍珠长大。这就是现代的植片育珠技术。